英国数学真简单团队/编著　华云鹏 刘舒宁/译

DK儿童数学分级阅读 第二辑

乘法和除法

数学真简单！

电子工业出版社·

Publishing House of Electronics Industry

北京·BEIJING

Original Title: Maths—No Problem! Multiplication and Division, Ages 5–7 (Key Stage 1)
Copyright © Maths—No Problem!, 2022
A Penguin Random House Company

本书中文简体版专有出版权由Dorling Kindersley Limited授予电子工业出版社，未经许可，不得以任何方式复制或抄袭本书的任何部分。

版权贸易合同登记号　图字：01-2024-1630

图书在版编目（CIP）数据

DK儿童数学分级阅读. 第二辑. 乘法和除法 / 英国数学真简单团队编著；华云鹏，刘舒宁译. --北京：电子工业出版社，2024.5
ISBN 978-7-121-47659-4

Ⅰ.①D… Ⅱ.①英… ②华… ③刘… Ⅲ.①数学—儿童读物 Ⅳ.①O1-49

中国国家版本馆CIP数据核字（2024）第070451号

出版社感谢以下作者和顾问：Andy Psarianos, Judy Hornigold, Adam Gifford和Anne Hermanson博士。
已获Colophon Foundry的许可使用Castledown字体。

责任编辑：董子晔
印　　刷：鸿博昊天科技有限公司
装　　订：鸿博昊天科技有限公司
出版发行：电子工业出版社
　　　　　北京市海淀区万寿路173信箱　　邮编：100036
开　　本：889×1194　1/16　印张：18　　字数：303千字
版　　次：2024年5月第1版
印　　次：2024年11月第2次印刷
定　　价：128.00元（全6册）

凡所购买电子工业出版社图书有缺损问题，请向购买书店调换。若书店售缺，请与本社发行部联系，联系及邮购电话：（010）88254888，88258888。
质量投诉请发邮件至zlts@phei.com.cn，盗版侵权举报请发邮件至dbqq@phei.com.cn。
本书咨询联系方式：（010）88254161转1865，dongzy@phei.com.cn。

www.dk.com

目 录

鲁比　艾略特　阿米拉　查尔斯　露露　萨姆　奥克　霍莉　拉维　艾玛　雅各布　汉娜

几个几

准备

转转杯上一共有多少个小朋友？

举例

3   +   3   +   3   +   3   =   12

有4个转转杯。每个转转杯上有3个小朋友。共有4个3。

转转杯上一共有12个小朋友。

写作 $4 \times 3 = 12$
读作4乘以3等于12。

4

填一填。

1

	+		+		=	

	↑		=	

	×		=	

2

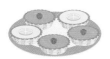  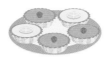

	+		+		+		+		+		=	

	↑		=	

	×		=	

2的乘法表

准 备

一共有多少块蛋糕?

举 例

1盒2块装的蛋糕　　　　1盒2块装的蛋糕　　　　1盒2块装的蛋糕

一共有3盒。每盒有2块蛋糕。

一共有6块蛋糕。

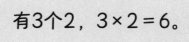

有3个2,3×2=6。

填一填。

1个2 = 2
1 × 2 = 2

2个2 = 4

	×		=	

	个		=	
	×		=	

	个		=	
	×		=	

	个		=	
	×		=	

	个		=	
	×		=	

	个		=	
	×		=	

	个		=	
1	×		=	

	个		=	
	×		=	

	个		=	
	×		=	

5的乘法表

准 备

查尔斯为了筹备聚会准备了多少个热狗？

举 例

1	2	3	4	5	6	7	8	9	10
11	12	13	14	15	16	17	18	19	20
21	22	23	24	25	26	27	28	29	30

有了数字表格，我会五个五个地数。

你能从表中找出规律吗？

有6个5。
$6 \times 5 = 30$
查尔斯为了筹备聚会准备了30个热狗。

8

练习

数一数，填一填。

1个5 = 5
1 × 5 = 5

2 个 5 = 10

	×		=	

	个		=	
	×		=	

	个		=	
	×		=	

	个		=	
	×		=	

	个		=	
	×		=	

	个		=	
	×		=	

	个		=	
	×		=	

	个		=	
	×		=	

10 的乘法表

准 备

桌子上一共有多少支蜡笔?

举 例

共有6盒，每盒里有10支蜡笔。6 × 10 = 60。

桌子上一共有60支蜡笔。

1 数一数，填一填。

(1)

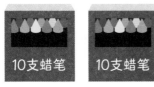

10支蜡笔　10支蜡笔
10支蜡笔　10支蜡笔

$$\boxed{} \ 个 \ \boxed{} = \boxed{}$$

$$\boxed{} \times 10 = \boxed{}$$

(2)

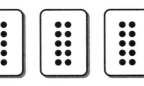

$$\boxed{} \ 个 \ \boxed{} = \boxed{}$$

$$\boxed{} \times \boxed{} = \boxed{}$$

(3)

$$\boxed{} \ 个 \ \boxed{} = \boxed{}$$

$$\boxed{} \times \boxed{} = \boxed{}$$

2 填一填。

(1) $2 \times 10 = \boxed{}$

(2) $6 \times 10 = \boxed{}$

(3) $5 \times 10 = \boxed{}$

(4) $10 \times 5 = \boxed{}$

其他数字的乘法

准 备

如何算出一共有多少张贴纸？

举 例

有2组贴纸，每组10张。
2×10＝20，一共有20张
贴纸。

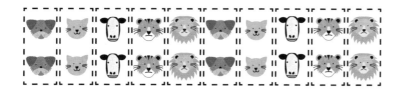

有10组贴纸，每组2张。
10×2＝20，一共有20张
贴纸。

2×10＝10×2，
它们都等于20。

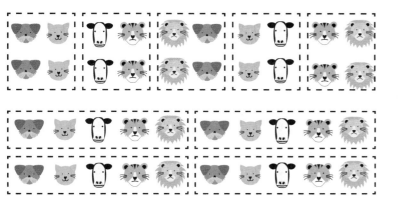

$5×4 = 4×5$，
它们都等于20。

练 习

1 填一填。

(1)

$5 × \boxed{}$　　　　$=$　　　　$\boxed{} × 5$

$5 × \boxed{} = 15$

$\boxed{} × 5 = 15$

(2) $2 × 4 = 4 × 2$

$2 × \boxed{} = \boxed{}$

$\boxed{} × 2 = \boxed{}$

(3)

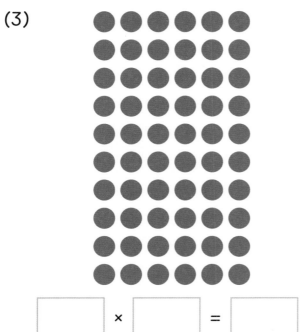

$\boxed{}$ × $\boxed{}$ = $\boxed{}$

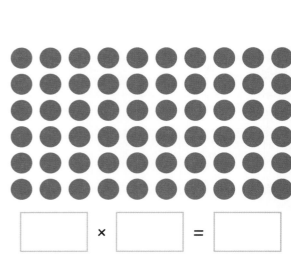

$\boxed{}$ × $\boxed{}$ = $\boxed{}$

2 连一连。

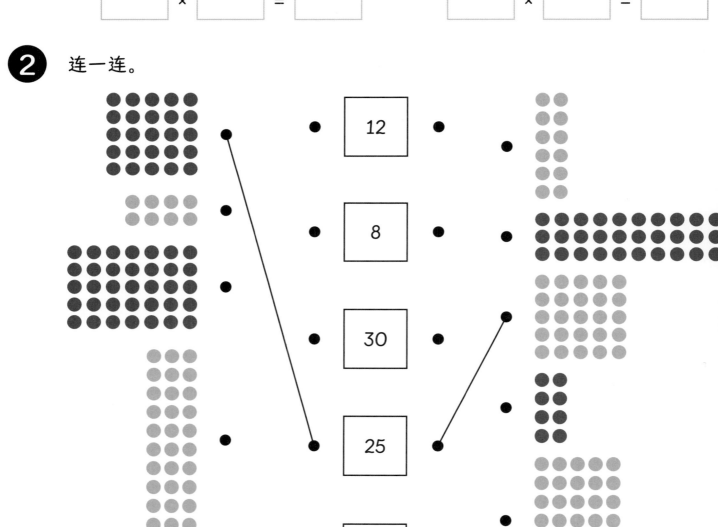

	12	
	8	
	30	
	25	
	35	

3 看图写算式。

(1)

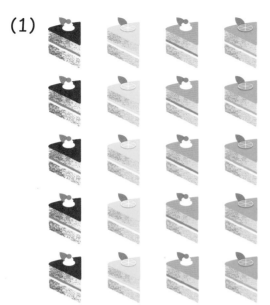

$$\boxed{} \times \boxed{} = \boxed{}$$

$$\boxed{} \times \boxed{} = \boxed{}$$

(2)

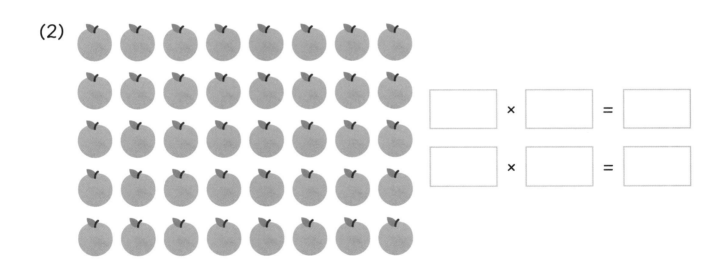

$$\boxed{} \times \boxed{} = \boxed{}$$

$$\boxed{} \times \boxed{} = \boxed{}$$

(3)

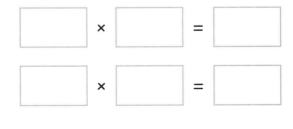

$$\boxed{} \times \boxed{} = \boxed{}$$

$$\boxed{} \times \boxed{} = \boxed{}$$

文字应用题

准 备

萨姆打印了7份校园话剧邀请函单页，每份单页上有5张邀请函。萨姆一共打印了多少张邀请函？

举 例

萨姆打印了7份单页。每份单页上有5张邀请函。

$7 \times 5 = 35$。

萨姆一共打印了35张邀请函。

16

算一算。

1 农民伯伯的马厩里有5匹马需要更换新的马蹄铁，每匹马需要4块马蹄铁。农民伯伯一共需要多少块马蹄铁？

2 10个小朋友去游乐场玩，每个小朋友有8张游戏券。小朋友们一共可以乘坐多少次游乐设施？

3 冰激凌店在午餐时间卖出9个甜筒，每个甜筒里有2勺冰激凌。这家店铺午餐时间一共卖出多少勺冰激凌？

分组

准备

一个篮子盛5个苹果，汉娜的苹果能盛满多少个篮子？

举例

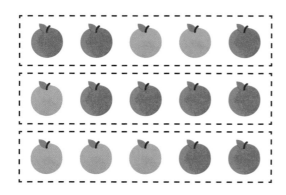
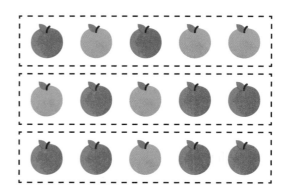

一共有30个苹果，每5个分为一组，能分成6组，30÷5=6。

÷表示除法，30÷5=6是除法算式，30除以5等于6。

汉娜的苹果能盛满6个篮子，每个篮子装5个苹果。

1 每5个一组圈出来，一共有多少组？

$$\boxed{} \div \boxed{} = \boxed{}$$

一共有 $\boxed{}$ 组。

2 每2个一组圈出来，一共有多少组？

$$\boxed{} \div \boxed{} = \boxed{}$$

一共有 $\boxed{}$ 组。

3 填一填。

(1) 把杯子两个为一组进行分组。

$$\boxed{} \div \boxed{} = \boxed{}$$

(2) 把纸杯蛋糕五个为一组进行分组。

$$\boxed{} \div \boxed{} = \boxed{}$$

平均分

准 备

有24张游戏卡，我要平均分配这些牌。

每个人分到多少张游戏卡？

举 例

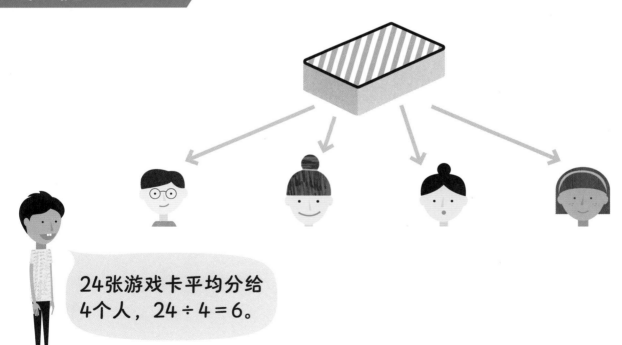

24张游戏卡平均分给4个人，24÷4＝6。

每个人分到6张卡。

练 习

填一填。

1 艾略特有12个甜甜圈。

我把甜甜圈平均放到了2个盘子上。

$$\boxed{} \div \boxed{} = \boxed{}$$

每个盘子有 $\boxed{}$ 个甜甜圈。

2 将20张游戏卡平均分给5个玩家。

$$\boxed{} \div \boxed{} = \boxed{}$$

$$5 \times \boxed{} = \boxed{}$$

3 将30个计数器平均分成3组。

$$\boxed{} \div \boxed{} = \boxed{}$$

$$3 \times \boxed{} = \boxed{}$$

21

2做除数

准 备

露露要把骰子每2个分成一组做游戏，能分成多少组？

举 例

$18 \div 2 = 9$
露露把骰子分成了9组。

我把18个骰子每2个分成一组，分成了9组。

22

练 习

1 萨姆把饼干装进盒子，每盒装2块。

$\boxed{} \div 2 = \boxed{}$

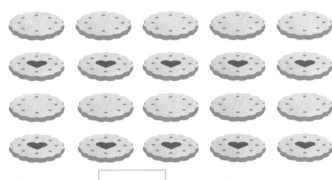

萨姆装了 $\boxed{}$ 盒饼干。

2 鲁比把葡萄平均放进2个盘子里。

$\boxed{} \div 2 = \boxed{}$

每个盘子里有 $\boxed{}$ 个葡萄。

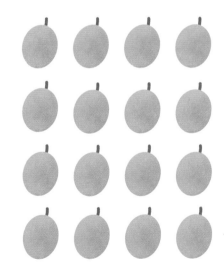

3 填一填。

(1) $8 \div 2 = \boxed{}$

(2) $16 \div 2 = \boxed{}$

(3) $40 \div 2 = \boxed{}$

(4) $\boxed{} \div 2 = 5$

5做除数

准 备

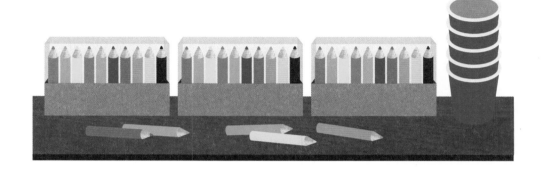

雅各布把铅笔平均放进5个笔筒里。他在每个笔筒里放了多少支铅笔？

举 例

用 ⬤ 来帮你吧。

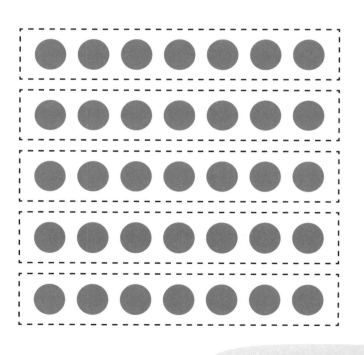

一共有35支铅笔，5个笔筒。

35 ÷ 5 = 7
雅各布在每个笔筒里放了7支铅笔。

1 汉娜把饮料装进箱子里，每箱装5瓶饮料。

□ ÷ 5 = □

汉娜装了 □ 箱饮料。

2 查尔斯把蛋糕平均放进5个盘子里。

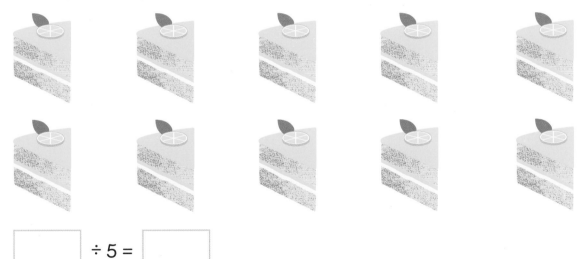

□ ÷ 5 = □

每个盘子里有 □ 块蛋糕。

3 填一填。

(1) 20 ÷ 5 = □

(2) 50 ÷ 5 = □

(3) 35 ÷ 5 = □

(4) □ ÷ 5 = 5

10做除数

准 备

厨师已经装满了一盒蛋糕。

厨师还能再装满多少盒蛋糕?

举 例

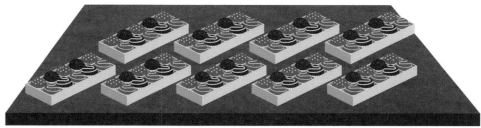

托盘里还剩90块蛋糕,每个盒子能装10块蛋糕,90÷10=9。

厨师还能再装满9盒蛋糕。

1 艾玛将计数器堆成堆，每一堆有10个计数器。

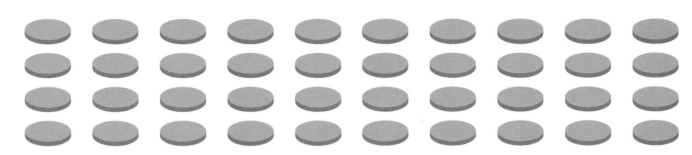

$\boxed{} \div 10 = \boxed{}$

总共有 $\boxed{}$ 堆计数器。

2 拉维把饼干平均放在10个盘子里。

$\boxed{} \div 10 = \boxed{}$

每个盘子里有 $\boxed{}$ 块饼干。

3 填一填。

(1) $20 \div 10 = \boxed{}$

(2) $60 \div 10 = \boxed{}$

(3) $\boxed{} \div 10 = 8$

(4) $\boxed{} \div 10 = 10$

乘法和除法

准 备

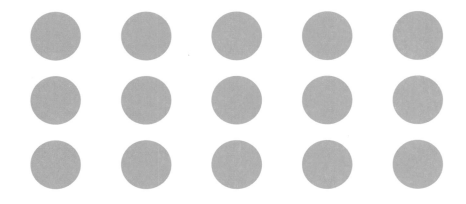

根据这张图，你能写出哪些乘法、除法等式组？

举 例

有3个5，
3×5=15。

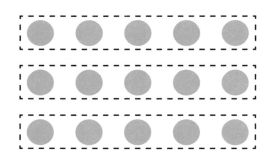

可以分成5组，
15÷5=3，
有3个5。

有5个3，
5×3=15。

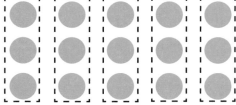

可以分成3组，
15÷3=5，
有5个3。

3 × 5 = 15 　　15 ÷ 5 = 3

5 × 3 = 15 　　15 ÷ 3 = 5

这就是乘法和除法的运算。

练 习

数一数，填一填。

①

$2 × 4 = \boxed{}$ $8 ÷ 4 = \boxed{}$

$4 × 2 = \boxed{}$ $8 ÷ 2 = \boxed{}$

②

$3 × 4 = \boxed{}$ $12 ÷ \boxed{} = 4$

$4 × 3 = \boxed{}$ $\boxed{} ÷ 4 = \boxed{}$

③

$\boxed{} × \boxed{} = \boxed{}$ $\boxed{} ÷ \boxed{} = \boxed{}$

$\boxed{} × \boxed{} = \boxed{}$ $\boxed{} ÷ \boxed{} = \boxed{}$

其他文字应用题

准备

三个小朋友可以平均分这些曲奇吗？

举例

有18块曲奇，3个小朋友平均分。

每个小朋友能分到多少块曲奇？

试试用拉维的方法算一算。

拉维的方法 用 代表 ，用 代表一个小朋友。

艾玛的方法 画出了每个小朋友得到的曲奇数量。

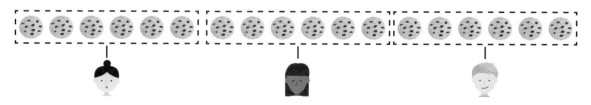

霍莉的方法 列出了除法算式。

$18 \div 3 = 6$，每个小朋友分到6块曲奇。

1 查尔斯有30个苹果，他想把这些苹果装进袋子里，每袋装5个，一共需要多少个袋子？

拉维的方法

 用 代表 ，用  代表一个袋子。

艾玛的方法

 画出了查尔斯需要的袋子数量。

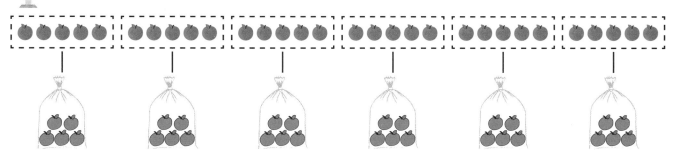

霍莉的方法

 列出了除法算式。

查尔斯需要  个袋子。

$\boxed{} \times 5 = 30$

2 体育老师把12个足球分给学生，每人2个足球。能分给多少个学生？

拉维的方法

 用 代表 ，用 🥛 代表一个学生。

艾玛的方法

 画出了能分到2个足球的学生数量。

霍莉的方法

 列出了除法算式。

☐ ÷ ☐ = ☐

☐ 个学生分到2个足球。

3 算一算，填一填。

(1) 艾略特和拉维一共制作了16个纸飞机，他们平均分这些纸飞机，每人能分到多少个纸飞机？

$$\boxed{} \div \boxed{} = \boxed{}$$

艾略特和拉维每人分到 $\boxed{}$ 个纸飞机。

(2) 面包师制作了100个松饼，每10个装一盒，一共装了多少盒？

$$\boxed{} \div \boxed{} = \boxed{}$$

面包师一共装了 $\boxed{}$ 盒。

奇数和偶数

准备

你能帮汉娜把苹果每2个装一袋，梨也每2个装一袋吗？

举例

这些苹果可以两两分组，说明8是一个偶数。

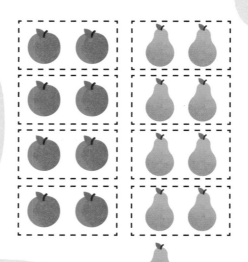

偶数可以被2整除。

这些梨不能全部两两分组，说明9是一个奇数。

奇数不能被2整除。

34

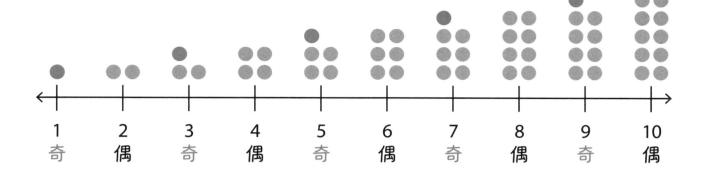

1	2	3	4	5	6	7	8	9	10
奇	偶	奇	偶	奇	偶	奇	偶	奇	偶

练 习

1 分一分，下面这些数是奇数还是偶数？

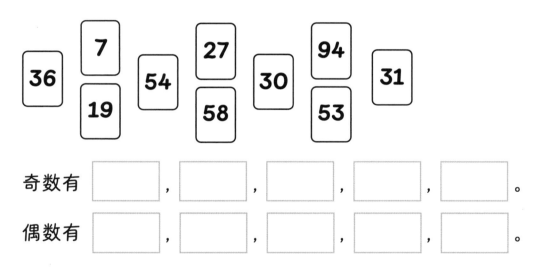

奇数有 ☐ ， ☐ ， ☐ ， ☐ ， ☐ 。

偶数有 ☐ ， ☐ ， ☐ ， ☐ ， ☐ 。

2 | 4 | 6 | 5 |

用以上3个数字组成：

(1) 最大的两位偶数 ☐

(2) 最小的两位偶数 ☐

(3) 最大的两位奇数 ☐

(4) 最小的两位奇数 ☐

回顾与挑战

1 填一填。

  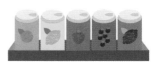

$$\boxed{} + \boxed{} + \boxed{} + \boxed{} + \boxed{} + \boxed{} = \boxed{}$$

$$\boxed{} \text{个} \boxed{} = \boxed{}$$

$$\boxed{} \times \boxed{} = \boxed{}$$

2 填一填。

(1) $1 \times 2 =$

(2) $2 \times 2 =$

(3) $2 \times 5 =$

(4) $5 \times 6 =$

(5) $10 \times 2 =$

(6) $2 \times 7 =$

(7) $7 \times 2 =$

(8) $8 \times 2 =$

(9) $5 \times 5 =$

(10) $8 \times 10 =$

3 五个五个地数，把数出的数字涂上颜色，第一个已涂上了颜色。

1	2	3	4	5	6	7	8	9	10
11	12	13	14	15	16	17	18	19	20
21	22	23	24	25	26	27	28	29	30
31	32	33	34	35	36	37	38	39	40
41	42	43	44	45	46	47	48	49	50

4 十个十个地数，把数出的数字涂上颜色。

1	2	3	4	5	6	7	8	9	10
11	12	13	14	15	16	17	18	19	20
21	22	23	24	25	26	27	28	29	30
31	32	33	34	35	36	37	38	39	40
41	42	43	44	45	46	47	48	49	50
51	52	53	54	55	56	57	58	59	60
61	62	63	64	65	66	67	68	69	70
71	72	73	74	75	76	77	78	79	80
81	82	83	84	85	86	87	88	89	90
91	92	93	94	95	96	97	98	99	100

5 填一填。

(1)

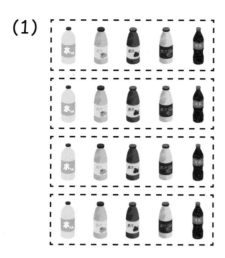

(2)

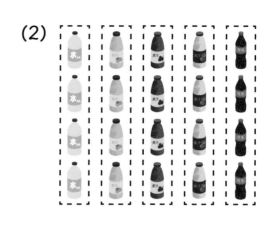

	↑		=	

	×		=	

	↑		=	

	×		=	

6 填一填。

(1)

0   5   ☐   15   20   ☐   ☐   ☐   ☐   45   ☐

(2)
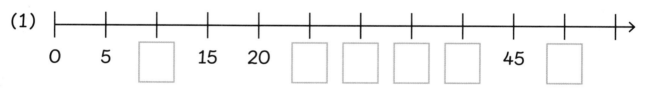
0   ☐   4   ☐   8   10   12   ☐   16   18   ☐   ☐

(3)
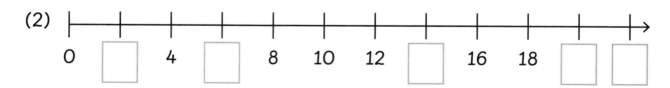
0   ☐   20   ☐   ☐   ☐   ☐   ☐   ☐   100

7 填一填。

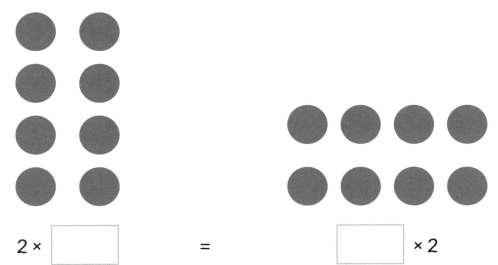

2 × [   ]   =   [   ] × 2

8 有6个花瓶，花店店员在每个花瓶里放了5朵花，一共放了多少朵花？
先画一画，再填一填。

[   ] × [   ] = [   ]

9 算一算，填一填。
露露和小伙伴们正在玩游戏。

一共有50张游戏卡，要平均发给露露和伙伴们。算一算每个人能分到多少张游戏卡？

$$\boxed{} \div \boxed{} = \boxed{}$$

每个人能分到 $\boxed{}$ 张游戏卡。

10 算一算，填一填。
雅各布要把柠檬5个一篮装起来，共有45个柠檬。

他能装满多少个篮子？

45个柠檬

$$\boxed{} \div \boxed{} = \boxed{}$$

雅各布能装满 $\boxed{}$ 个篮子。

⑪ 填一填。

(1) $30 \div 5 =$ [　　]

(2) $30 \div 10 =$ [　　]

(3) $8 \div 2 =$ [　　]

(4) $90 \div 10 =$ [　　]

(5) $10 \div 5 =$ [　　]

(6) $10 \div 2 =$ [　　]

(7) $35 \div 5 =$ [　　]

(8) $100 \div 10 =$ [　　]

⑫ 完成下列乘法和除法算式。

$5 \times 4 =$ [　　]

$20 \div$ [　　] $= 4$

$4 \times 5 =$ [　　]

[　　] $\div 4 =$ [　　]

13 完成下列乘法和除法算式。

	×		=				÷		=	

	×		=				÷		=	

14 算一算，填一填。

艾玛和妈妈要为学校的烘焙义卖做60个松饼。

她们一次可以烘焙10个松饼，一共需要烘焙多少次？

☐ ÷ ☐ = ☐

她们一共需要烘焙 ☐ 次。

15 (1) 给表格中所有的偶数涂上颜色，第一个已涂上了颜色。

1	2	3	4	5	6	7	8	9	10
11	12	13	14	15	16	17	18	19	20
21	22	23	24	25	26	27	28	29	30
31	32	33	34	35	36	37	38	39	40

(2) 给表格中所有的奇数涂上颜色。

1	2	3	4	5	6	7	8	9	10
11	12	13	14	15	16	17	18	19	20
21	22	23	24	25	26	27	28	29	30
31	32	33	34	35	36	37	38	39	40

16   8 7 6

用以上3个数字组成：

(1) 最大的两位偶数 _____

(2) 最小的两位偶数 _____

(3) 最大的两位奇数 _____

(4) 最小的两位奇数 _____

17 拉维有40个计数器，他想把计数器分成等量的几组，把它们排列整齐。下图表示了一种分法。

还有其他分法吗？画一画。
并将下列乘除等式组填写完整。

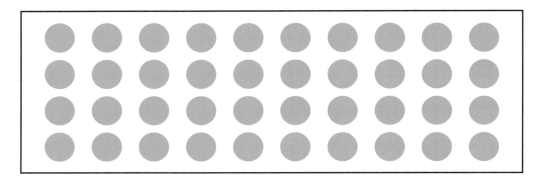

| | × | | = | | | | ÷ | | = | |

| | × | | = | | | | ÷ | | = | |

| | × | | = | | | | ÷ | | = | |

| | × | | = | | | | ÷ | | = | |

	×		=				÷		=	

	×		=				÷		=	

18 奥克有3包足球卡片，每包有10张足球卡片。她又买了4包足球卡片，然后给了雅各布2包。

奥克给了雅各布 ☐ 张足球卡片。

奥克现在还剩 ☐ 张足球卡片。

19 萨姆正在为学校音乐会制作邀请函，一份单页上可以印10张邀请函。一共需要制作35张邀请函给家长、15张邀请函给老师。

萨姆需要打印多少份单页？

萨姆需要打印 ☐ 份单页。

参考答案

第 5 页　　1 5 + 5 + 5 = 15, 3 个 5 = 15, 3 × 5 = 15

　　　　　2 5 + 5 + 5 + 5 + 5 + 5 = 30, 6 个 5 = 30, 6 × 5 = 30

第 7 页　　2 × 2 = 4, 3 个 2 = 6, 3 × 2 = 6, 4 个 2 = 8, 4 × 2 = 8, 5 个 2 = 10, 5 × 2 = 10,

　　　　　6 个 2 = 12, 6 × 2 = 12, 7 个 2 = 14, 7 × 2 = 14,

　　　　　8 个 2 = 16, 8 × 2 = 16, 9 个 2 = 18, 9 × 2 = 18, 10 个 2 = 20, 10 × 2 = 20

第 9 页　　2 × 5 = 10, 3 个 5 = 15, 3 × 5 = 15, 4 个 5 = 20, 4 × 5 = 20, 5 个 5 = 25, 5 × 5 = 25,

　　　　　6 个 5 = 30, 6 × 5 = 30, 7 个 5 = 35, 7 × 5 = 35, 8 个 5 = 40,

　　　　　8 × 5 = 40, 9 个 5 = 45, 9 × 5 = 45, 10 个 5 = 50, 10 × 5 = 50

第 11 页　　1 (1) 4 个 10 = 40, 4 × 10 = 40　(2) 3 个 10 = 30, 3 × 10 = 30

　　　　　(3) 7 个 10 = 70, 7 × 10 = 70　2 (1) 20　(2) 60　(3) 50　(4) 50

第 13 页　　1 (1) 5 × 3 = 3 × 5, 5 × 3 = 15, 3 × 5 = 15　(2) 2 × 4 = 8, 4 × 2 = 8

第 14 页　　(3) 6 × 10 = 60, 10 × 6 = 60

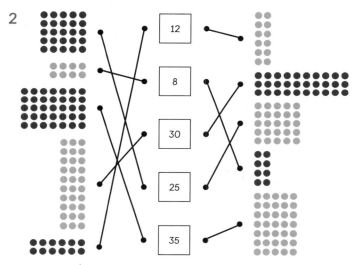

第 15 页　　3 (1) 4 × 5 = 20, 5 × 4 = 20　(2) 8 × 5 = 40, 5 × 8 = 40　(3) 2 × 6 = 12, 6 × 2 = 12

第 17 页　　1 5 × 4 = 20, 农民伯伯一共需要20块马蹄铁。　2 10 × 8 = 80, 小朋友们一共可以乘坐80次游乐设施

　　　　　3 9 × 2 = 18, 这家店铺午餐时间一共卖出18勺冰激凌。

第 19 页　　1 15 ÷ 5 = 3, 一共有3组。　2 8 ÷ 2 = 4, 一共有4组。　3 (1) 8 ÷ 2 = 4

　　　　　(2) 20 ÷ 5 = 4

第 21 页　　1 12 ÷ 2 = 6, 每个盘子有6个甜甜圈。　2 20 ÷ 5 = 4, 5 × 4 = 20　3 30 ÷ 3 = 10,

　　　　　3 × 10 = 30

第 23 页　　1 20 ÷ 2 = 10, 萨姆装了10盒饼干。　2 16 ÷ 2 = 8, 每个盘子里有8个葡萄。　3 (1) 4　(2) 8　(3) 20　(4

第 25 页　　1 20 ÷ 5 = 4, 汉娜装了4箱饮料。　2 10 ÷ 5 = 2, 每个盘子里有2块蛋糕。

　　　　　3 (1) 4　(2) 10　(3) 7　(4) 25

第 27 页　**1** 40 ÷ 10 = 4，总共有4堆计数器。　**2** 30 ÷ 10 = 3，每个盘子里有3块饼干。
3 (1) 2 (2) 6 (3) 80 (4) 100

第 29 页　**1** 2 × 4 = 8, 8 ÷ 4 = 2, 4 × 2 = 8, 8 ÷ 2 = 4　**2** 3 × 4 = 12, 12 ÷ 3 = 4, 4 × 3 = 12, 12 ÷ 4 = 3
3 2 × 5 = 10, 10 ÷ 5 = 2, 5 × 2 = 10, 10 ÷ 2 = 5

第 31 页　**1** 30 ÷ 5 = 6，查尔斯需要6个袋子。　6 × 5 = 30

第 32 页　**2** 12 ÷ 2 = 6，6个学生分到2个足球。

第 33 页　**3** (1) 16 ÷ 2 = 8，艾略特和拉维每人分到8个纸飞机。　(2) 100 ÷ 10 = 10，面包师一共装了10盒。

第 35 页　**1** 奇数有 7, 19, 27, 31, 53；　偶数有 30, 36, 54, 58, 94。
2 (1) 64 (2) 46 (3) 65 (4) 45

第 36 页　**1** 5 + 5 + 5 + 5 + 5 + 5 = 30, 6 个 5 = 30, 6 × 5 = 30　**2** (1) 2 (2) 4 (3) 10 (4) 30 (5) 20 (6) 14
(7) 14 (8) 16 (9) 25 (10) 80

第 37 页　**3**

1	2	3	4	5	6	7	8	9	10
11	12	13	14	15	16	17	18	19	20
21	22	23	24	25	26	27	28	29	30
31	32	33	34	35	36	37	38	39	40
41	42	43	44	45	46	47	48	49	50

4

1	2	3	4	5	6	7	8	9	10
11	12	13	14	15	16	17	18	19	20
21	22	23	24	25	26	27	28	29	30
31	32	33	34	35	36	37	38	39	40
41	42	43	44	45	46	47	48	49	50
51	52	53	54	55	56	57	58	59	60
61	62	63	64	65	66	67	68	69	70
71	72	73	74	75	76	77	78	79	80
81	82	83	84	85	86	87	88	89	90
91	92	93	94	95	96	97	98	99	100

第 38 页　**5** (1) 4 个 5 = 20, 4 × 5 = 20 (2) 5 个 4 = 20, 5 × 4 = 20
6 (1) 10, 25, 30, 35, 40, 50 (2) 2, 6, 14, 20, 22 (3) 10, 30, 40, 50, 60, 70, 80, 90

第 39 页　**7** 2 × 4 = 4 × 2　**8** 6 × 5 = 30，店员一共放了30朵花。

第 40 页　**9** 50 ÷ 5 = 10，每个人能分到10张游戏牌。　**10** 45 ÷ 5 = 9，雅各布能装满9个篮子。

第 41 页　**11** (1) 6 (2) 3 (3) 4 (4) 9 (5) 2 (6) 5 (7) 7 (8) 10
12 5 × 4 = 20, 20 ÷ 5 = 4, 4 × 5 = 20, 20 ÷ 4 = 5

第 42 页　**13** (1) 6 × 2 = 12, 12 ÷ 6 = 2, 2 × 6 = 12, 12 ÷ 2 = 6
14 60 ÷ 10 = 6，她们一共需要烘焙6次。
15 (1)

1	2	3	4	5	6	7	8	9	10
11	12	13	14	15	16	17	18	19	20
21	22	23	24	25	26	27	28	29	30
31	32	33	34	35	36	37	38	39	40

第 43 页　(2)

1	2	3	4	5	6	7	8	9	10
11	12	13	14	15	16	17	18	19	20
21	22	23	24	25	26	27	28	29	30
31	32	33	34	35	36	37	38	39	40

16 (1) 86 (2) 68 (3) 87 (4) 67

第 44-45 页　　**17** $10 \times 4 = 40, 4 \times 10 = 40, 40 \div 4 = 10, 40 \div 10 = 4$

可能的答案有：$8 \times 5 = 40, 5 \times 8 = 40, 40 \div 5 = 8, 40 \div 8 = 5$

接下来的算式是：$20 \times 2 = 40, 2 \times 20 = 40, 40 \div 2 = 20, 40 \div 20 = 2$

$40 \times 1 = 40, 1 \times 40 = 40, 40 \div 1 = 40, 40 \div 40 = 1$

第 45 页　　**18** $10 \times 2 = 20$，奥克给了雅各布20张足球卡片。$10 \times 3 = 30, 10 \times 4 = 40, 30 + 70 - 20 = 50$，奥克现在还剩50张足球卡片。

19 $35 + 15 = 50, 50 \div 10 = 5$，萨姆需要打印5份单页。